中国著名服装产学研平台
China famous garment production
and research platform

培娜工作室
Peina studio

服装设计速写
Fashion Design Sketch

王培娜 侯京鳌 著

U0390334

化学工业出版社

·北京·

培娜对服装专业同学的十个忠告

一、兴趣：许多同学学习这个专业属于"假喜欢"，职业设计师只设计别人喜欢的衣服。

二、灵感：不要相信什么灵感，所谓灵感只是经验积累和感悟生活结果的闪现。

三、专业：设计、结构、工艺和营销等，最终是文化。是一，不是二。刚开始学专业就认为自己适合哪个方向，只能说明你学二了。

四、素质：坚持、激情、追求完美。有个好身体，也要有个好心态。苦和累都是相对的，那种成就感也不是常人能体会得到的。

五、朋友：同门为朋，同志为友。主动结交，择善从之，不善改之，才是你最大的财富。

六、起点：慎重选择第一家公司，决定了你初步的格局。选择你第一个职位，就决定了你职业的路径（专业线或管理线）。

七、团队：服装不是一个人能干的活，只有积极思维，懂得适应、沟通、帮助、合作的人，才能融入团队，带领团队。

八、平台：学校、大赛、工作室、协会和公司都是平台，只有打通各个平台的人，才能因缘际会，占领职业的制高点。

九、创业：除非你有"拼爹"的资本，最佳的职业路线：职业设计师→职业经理人→公司股东。

十、境界：专业境界：不知道我不知道→知道我不知道→不知道我知道→知道我知道。

　　　　　职业境界：把自己当成别人（无我）→把别人当成自己（慈悲）→把别人当成别人（智慧）→把自己当成自己(自在)。

培娜工作室
PEINA STUDIO

PEINA STUDIO

構建常識　深入生活　根植文化

服装设计速写

Fashion Design Sketch

王培娜　侯京鳌　著

化学工业出版社

·北京·

本书从人体速写、人体局部速写入手引申到服装速写、服装效果图、款式图绘画的比较、学习和训练，帮助学习者迅速掌握服装设计的效果图、款式图的技法特点和表达要素。

　　本书可作为相关专业学生临摹的手稿，也可作为服装设计师提高设计水平的参考。

图书在版编目（CIP）数据

服装设计速写 / 王培娜，侯京鳌著 . —北京：化学工业
出版社，2014.8
　ISBN 978-7-122-20991-7

　Ⅰ . ①服…　Ⅱ . ①王…②侯…　Ⅲ . ①服装设计 – 速写
技法　Ⅳ . ① TS941.28

中国版本图书馆 CIP 数据核字（2014）第 132611 号

责任编辑：蔡洪伟　陈有华　　　　　　　　　　　　　装帧设计：王晓宇
责任校对：宋　玮

出版发行：化学工业出版社（北京市东城区青年湖南街13号　邮政编码100011）
印　　装：北京画中画印刷有限公司
787mm×1092mm　1/16　印张10¾　彩插1　字数231千字　2014年9月北京第1版第1次印刷

购书咨询：010-64518888（传真：010-64519686）　售后服务：010-64518899
网　　址：http://www.cip.com.cn
凡购买本书，如有缺损质量问题，本社销售中心负责调换。

定　　价：48.00元

序

PREFACE

培娜工作室建立至今已走进第九个年头，"九"是天数，后必归"一"。爱妻培娜与我建立这个工作室的初衷，除了做设计服务，就是要探索建立一套在体制外服装设计师的培养体系。职业服装设计师的培养属于精英教育，九年来，来自全国七十多所院校和社会爱好者1000人左右在培娜工作室学习过，走上服装设计师岗位的将近700人；从前四年成功率不到50％，到今天95％以上的成功率，甘苦自知。从服装产学研平台的建设到服装设计师成长平台的精准定位，也有"得天下英才而教育之"的成就感。从服装设计师的"广州创业模式"到现在的"服装设计师原创品牌集成店"，我们一直在努力。

服装的核心是文化，设计的本质是"无我利他"；设计的方法是"因缘和合"；系列的构成是"一元符合，多元并置"。服装设计师的成长过程一定是"构建常识，深入生活，根植文化"的过程；一定是从"参赛设计——成衣设计——品牌设计"的过程；一定是从"作品——产品——商品"的过程。这些理念、观点和方法，不是概念、口号，更不是口头禅，这也是在工作室学习的每一位同学践行的结果。

侯京鳌先生，是本书的合著者，也是培娜的美术启蒙老师。一九八五年，培娜随侯先生学画，至今三十年，师生之谊从未间断，我们对侯先生的人品和作品都推崇备至。高手多出自民间，侯先生深厚的西画功底，尤擅长人物与静物写生，为本书境界大开。二人的合作是师生情谊的结晶，必将成为艺术教育的一段佳话。

　　马年2014，已进入跨越、跨界的一年。有兴奋也有焦虑，有惊喜必有恐慌。各行各业都到了一个"临界点"，服装业已到了大变革的前夜，国内一线二线品牌、批发品牌、电商品牌、快时尚品牌和设计师品牌，业已进入了"春秋战国"时代。亲爱的同学们，未来和现在的设计师们，你怎么办？

　　一定要静下来，非宁静无以致远。以独立之精神，用常识去思考，用体验去生活，用"笨办法"去学习和工作。作为培娜工作室的管理者，与大家共勉。你懂的，是为序。

辛鉴平

2014年5月26日

前 言
FOREWORD

通常我们将速写归属于绘画的范畴，即在较短的时间内将对象描绘出来的一种绘画形式，是造型训练的基础，重在培养绘画的观察能力和对人物形象的捕捉。而进行服装设计速写的训练也是快速提高专业基础能力和表现技法的手段。

根据时装图片、服装实物作品等进行服装设计速写的训练或慢写练习，可使我们尽快向服装设计效果图、款式图等专业设计的表现技法转换，同时还可以帮助我们深入理解和读懂设计者的构思，从而更加关注时尚、关注流行、关注品牌。

本书从人体速写、人体局部速写入手引申到服装速写、服装效果图、款式图绘画的比较、学习和训练，帮助学习者迅速掌握服装设计的效果图、款式图的技法特点和表达要素。

参与本书工作的还有培娜工作室设计师刘玉清和黄帅。

感谢化学工业出版社的鼎力相助，感谢蔡洪伟老师的支持。

同时限于编写时间的仓促，本书难免会出现偏颇和欠缺之处，恳请广大同仁和服装爱好者给予批评指正。

我们随时欢迎与服装爱好者交流讨论，我们的QQ：846481260，博客地址：http://peinaroom.blog.163.com。

著 者
2014年5月

目 录
CONTENTS

第一章　人体绘画

人体速写

时装画人体

在服装绘画中，掌握人体形态、动态的节奏变化是很必要的。

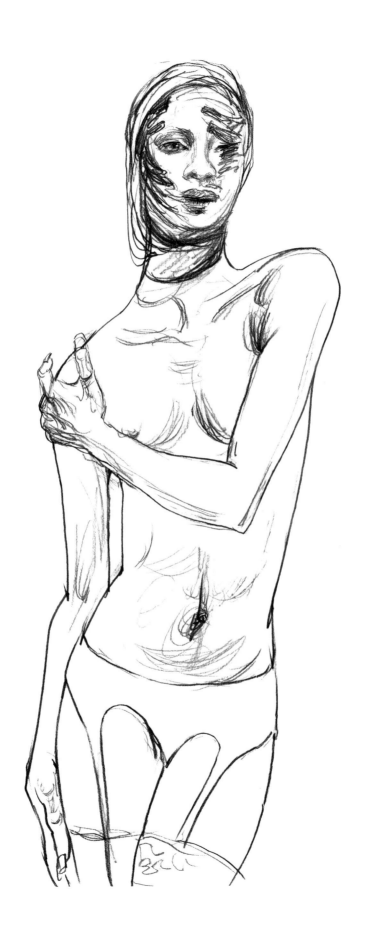

003

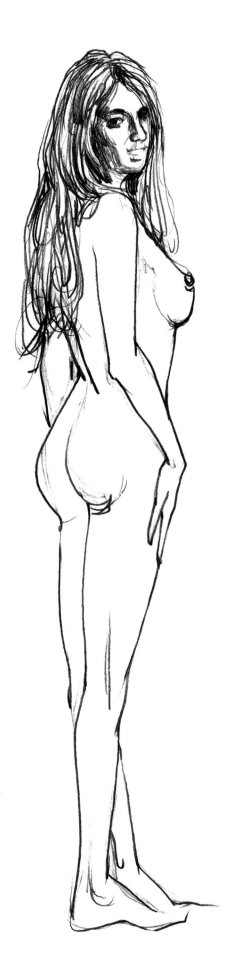

007

008

009

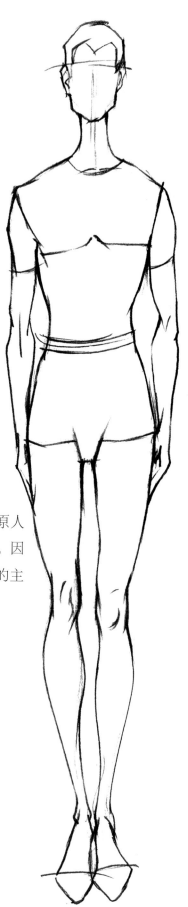

服装绘画人体，重点不在于还原人
体，重点是展现设计师的创作意图。因
此，服装画所采用的人体是有唯美的主
观意识和表现形式。

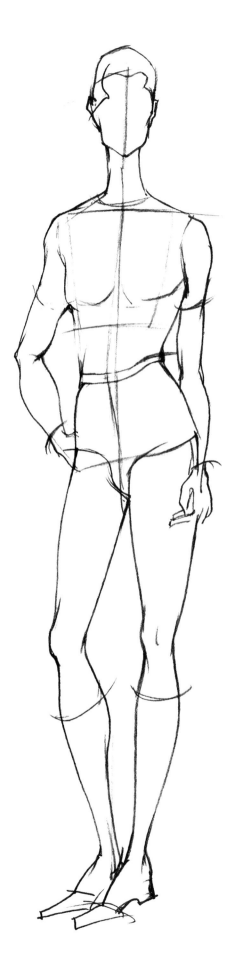

011

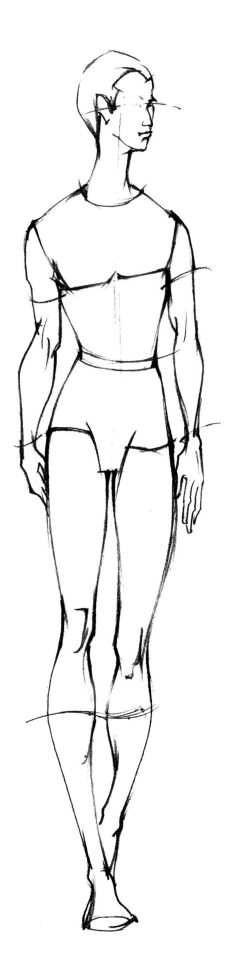

014

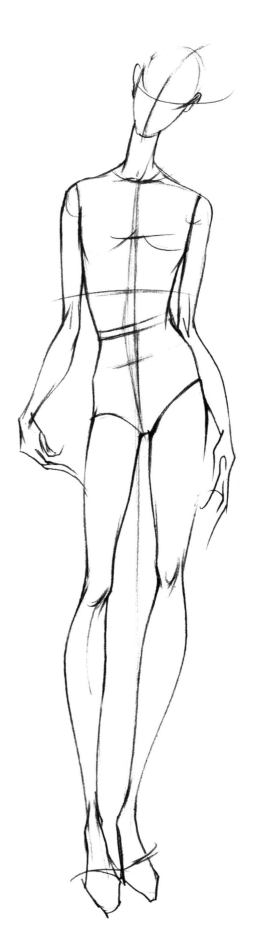

017

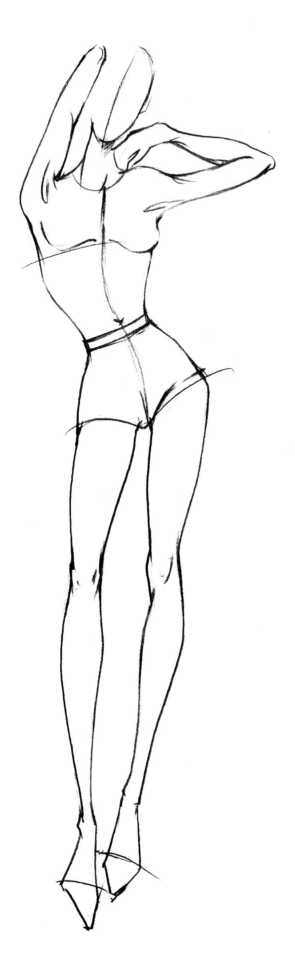

018

第二章 人体局部绘画

头像局部速写

头像速写要求在掌握基本结构的同时，也能传达时装人物精神气质。 表现妆容、发型、细节、配饰等，和服装共同构成服装风格。

021

　　头像速写要求在掌握基本结构的同时，也能传达时装人物精神气质。表现妆容、发型、细节、配饰等，和服装共同构成服装风格。

029

031

第三章　女装绘画

女装速写

女装服装效果图　款式图

画人物组合时，要注意主次、疏密、虚实的变化等，不能毫不相关，要有情感的呼应，构图要有较强的整体性。

背面款式图

隐形拉链

密拷花边

不规则抽褶

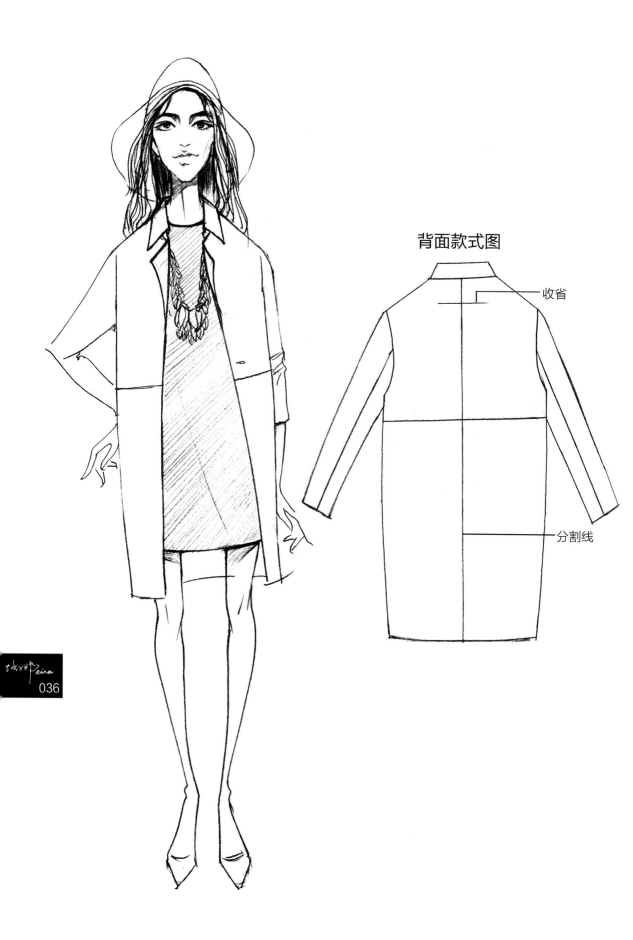

背面款式图

收省

分割线

柔软面料形成的衣褶多轻盈、飘逸，且成曲线状。

背面款式图

镂空

分割线

数码印花

Peira
039

提花针织

背面款式图

落肩

外翻缝包边

Peina
041

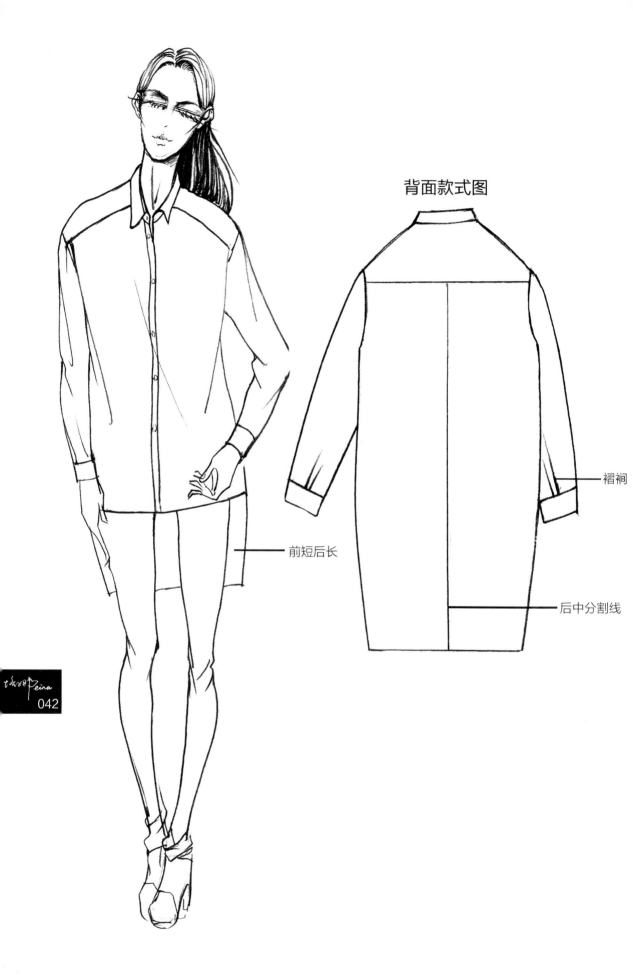

背面款式图

褶裥

前短后长

后中分割线

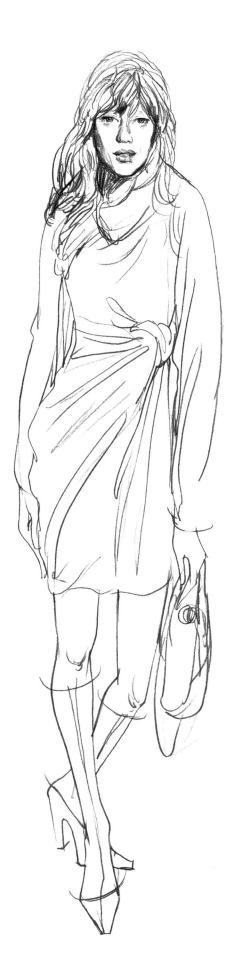

背面款式图

背面款式图

粗斜纹面料

开衩

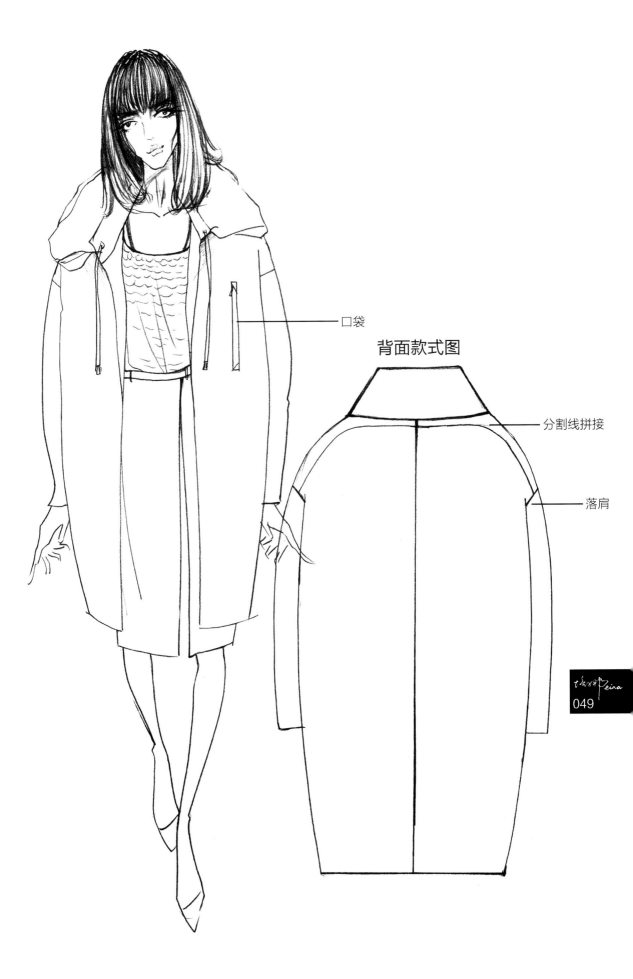

口袋

背面款式图

分割线拼接

落肩

049

要学习如何观察、分析服装包裹下的人体结构、关节的转折，以及服装款式的重点、面料质感等。准确掌握表达设计者的创意和构思，并处理好人体与服装的空间关系的合理性。

背面款式图

落肩

051

背面款式图

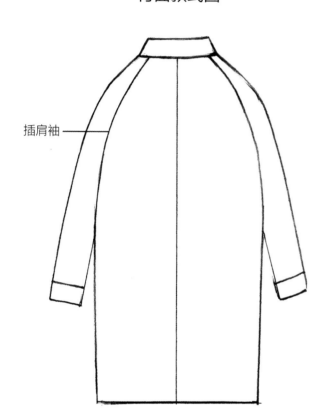

插肩袖 ——

在了解和掌握了有关于人体的一系列基本造型方法之后，我们就可以将服装与人体结合起来进行绘画练习，而比较好的方法就是进行速写练习。

弹性面料 ——

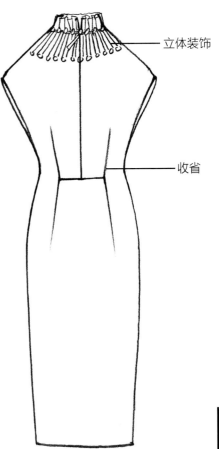

背面款式图

立体装饰

收省

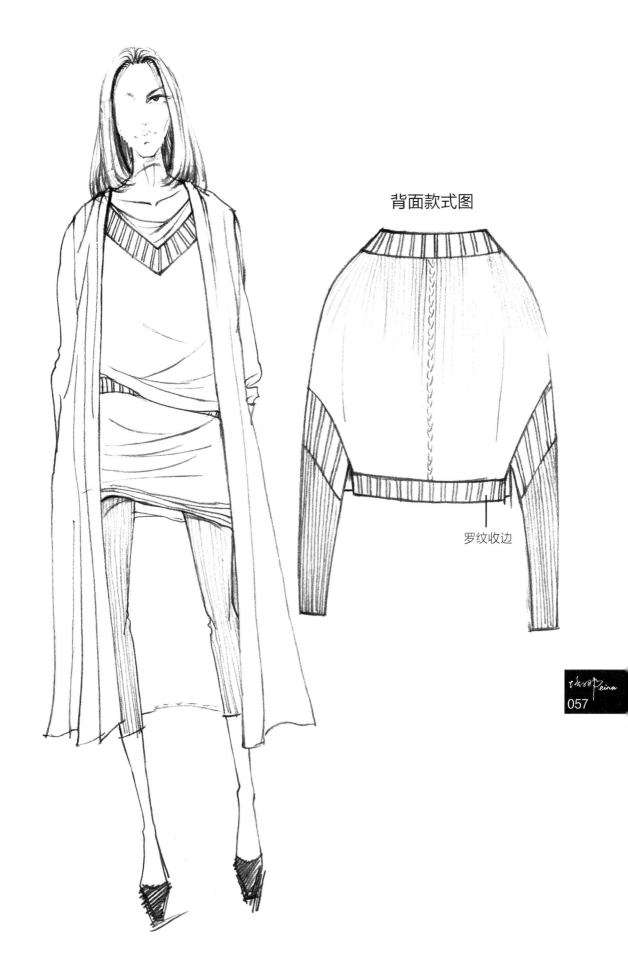

背面款式图

罗纹收边

服装速写练习对于从事设计的我们快速记录瞬间即逝的构思和捕获创作灵感是十分必要的。大量的服装速写练习，能够帮助设计者对服装款式、面料的理解以及锻炼对于服装形状和体积的塑造。

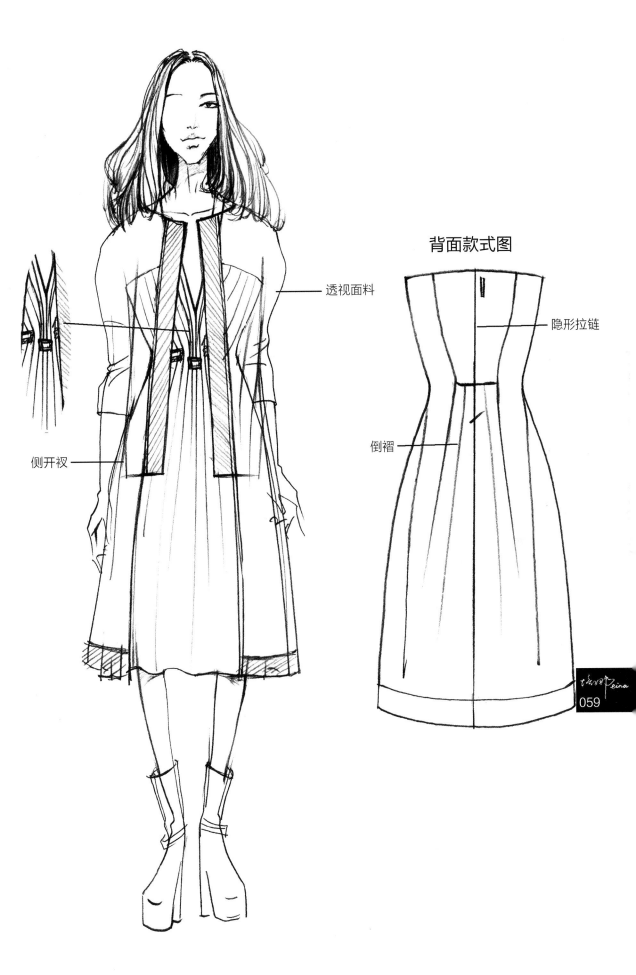

透视面料

侧开衩

背面款式图

隐形拉链

倒褶

059

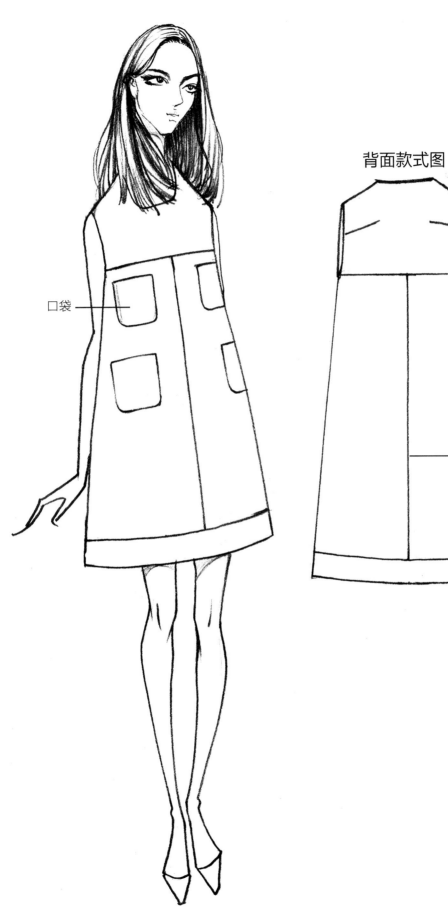

口袋

背面款式图

省道

分割线

061

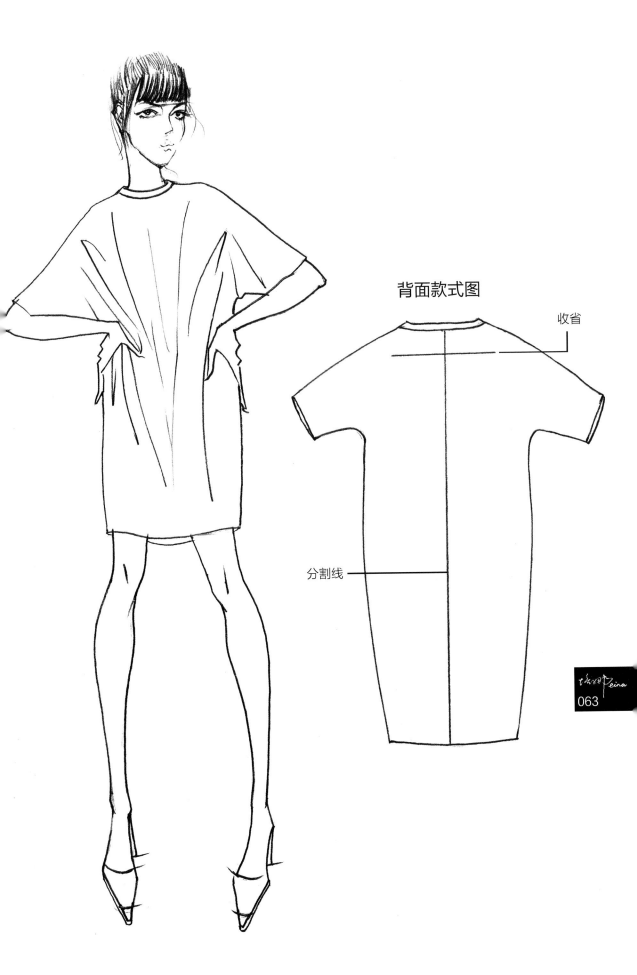

背面款式图

收省

分割线

063

背面款式图

口袋

数码印花

面料拼接

服装设计速写用笔要准、稳、狠。对于服装线条绘画的处理要慢而不滞，快而不飘。

背面款式图

捏褶

省道分割线

068

背面款式图

收省

工字暗褶

069

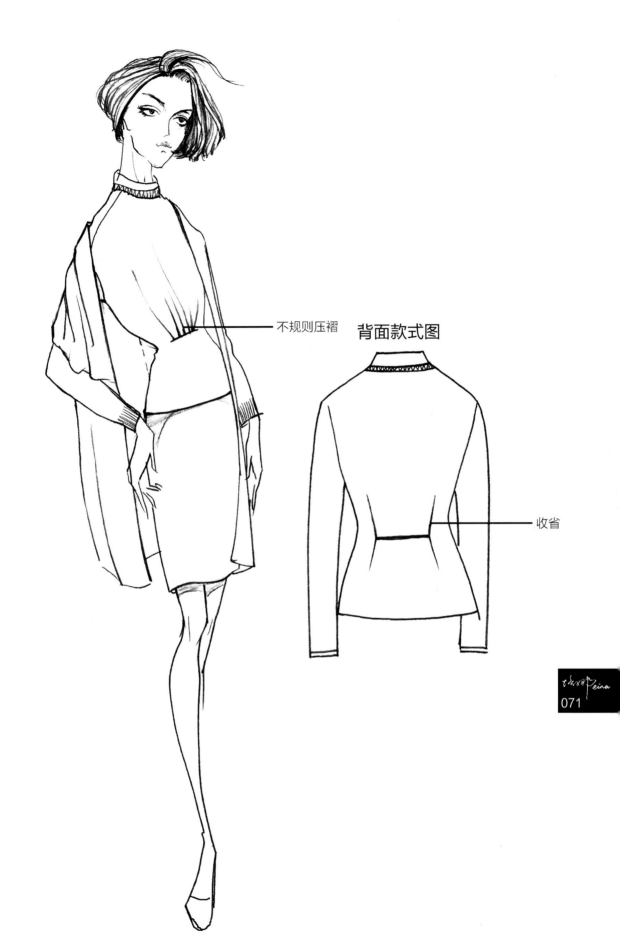

不规则压褶

背面款式图

收省

中国画"以空为有，以虚为实，计白当黑"的说法在服装速写中是可以借鉴的。

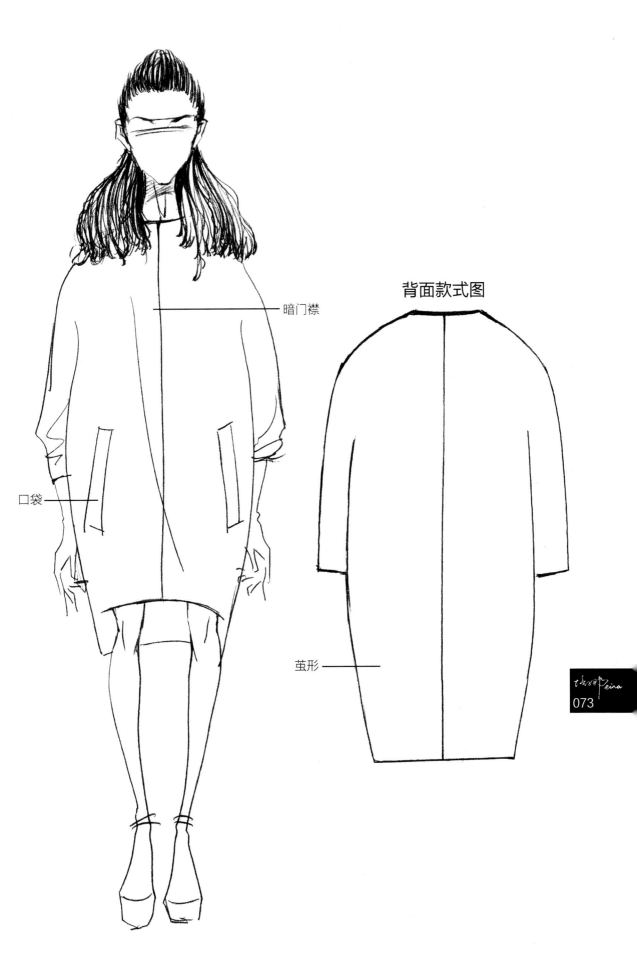

暗门襟

口袋

背面款式图

茧形

073

胸省分割线

背面款式图

高腰线

工字暗褶

背面款式图

镶嵌镂空花边

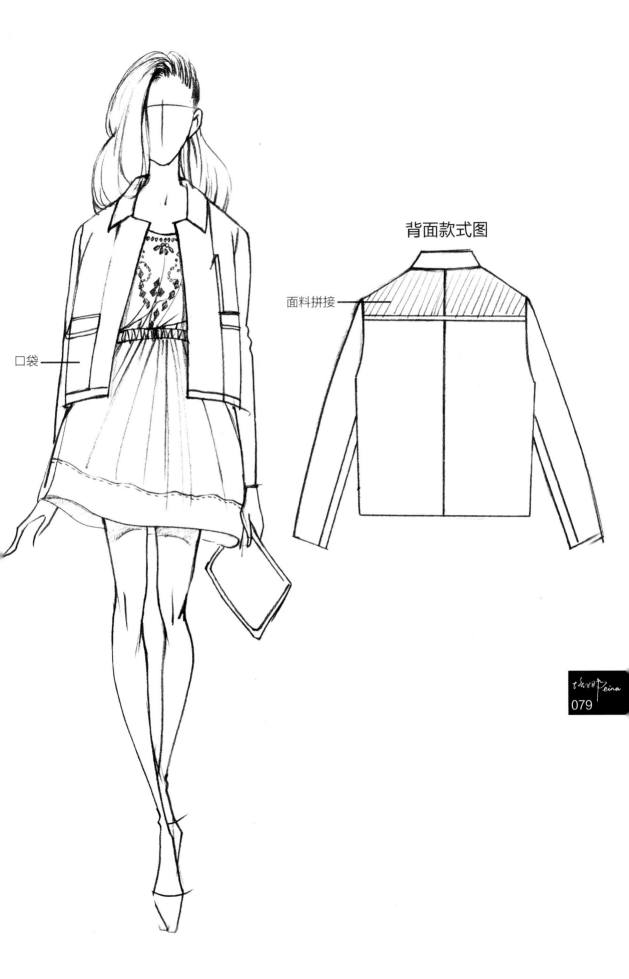

背面款式图

面料拼接

口袋

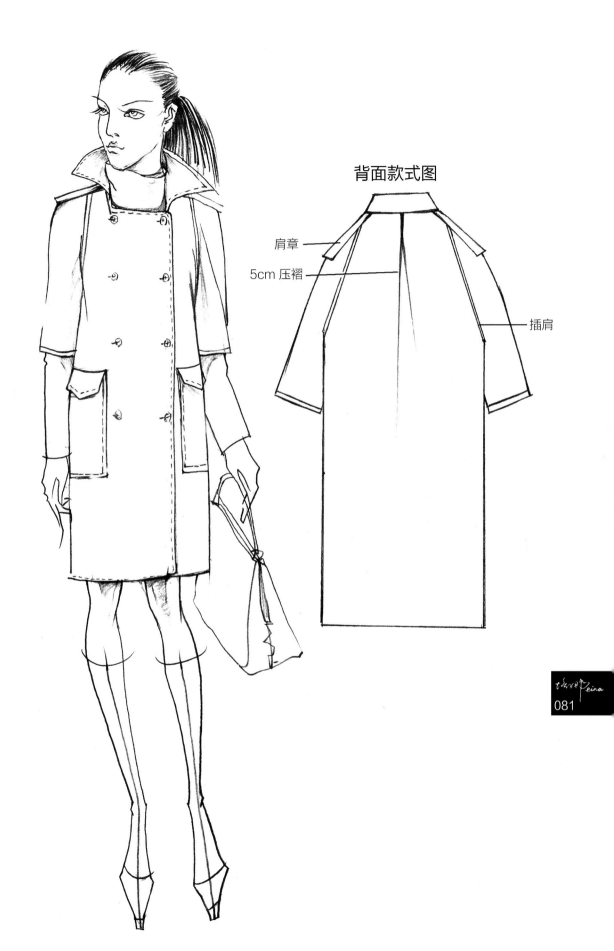

背面款式图

肩章

5cm 压褶

插肩

081

硬质面料形成的衣褶多呈直线状：折线式。

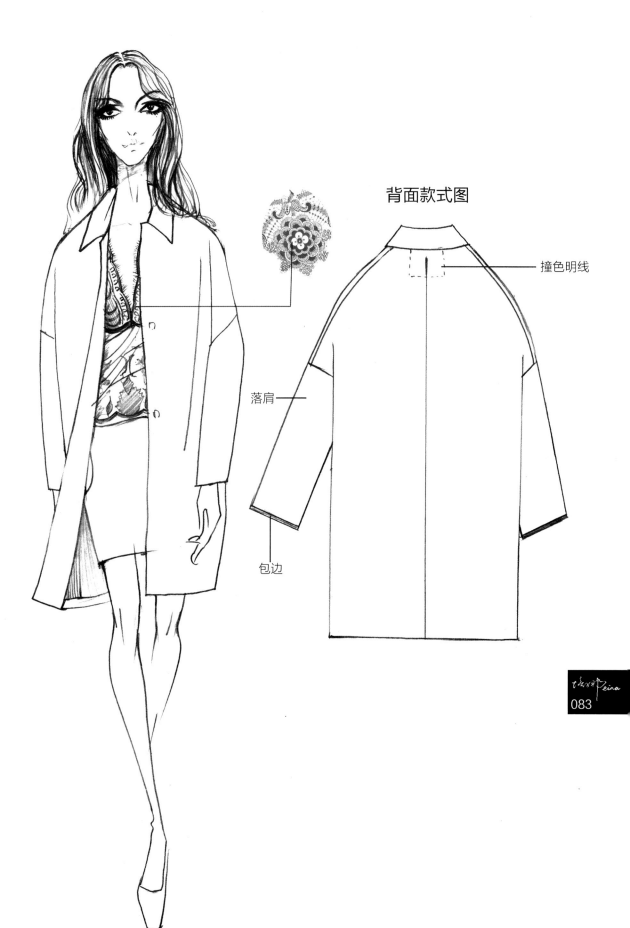

背面款式图

撞色明线

落肩

包边

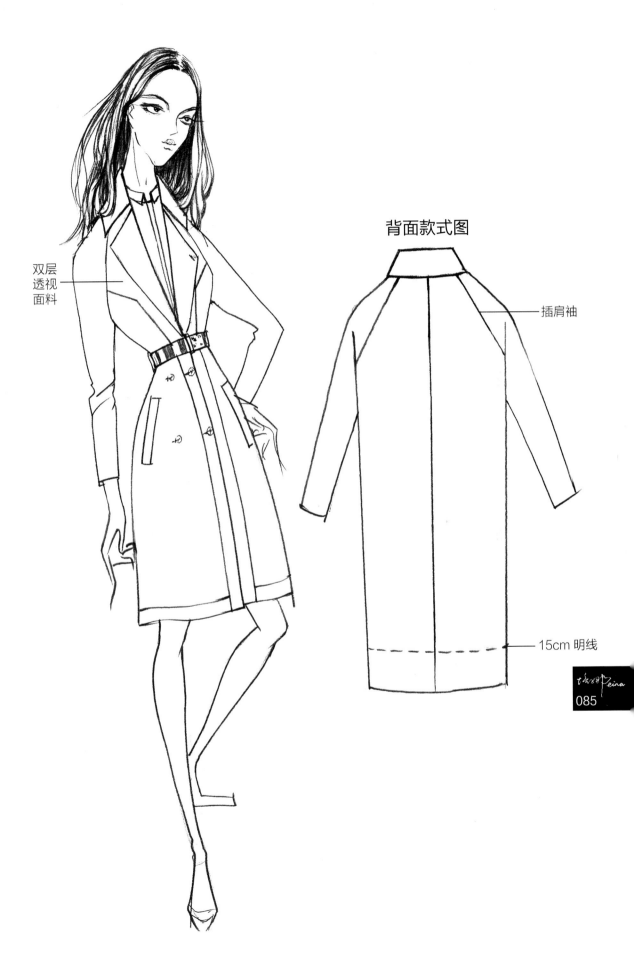

双层
透视
面料

背面款式图

插肩袖

15cm 明线

085

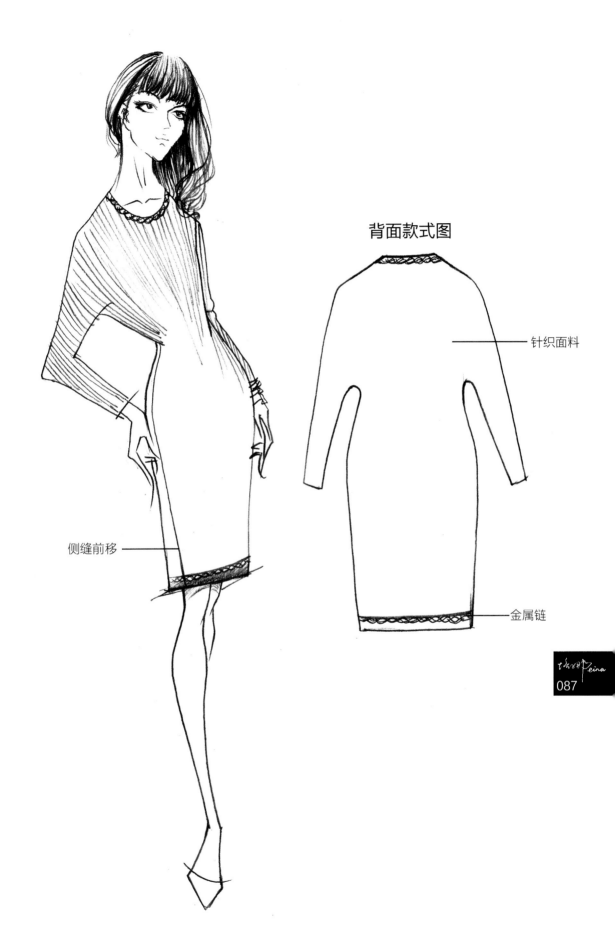

背面款式图

针织面料

侧缝前移

金属链

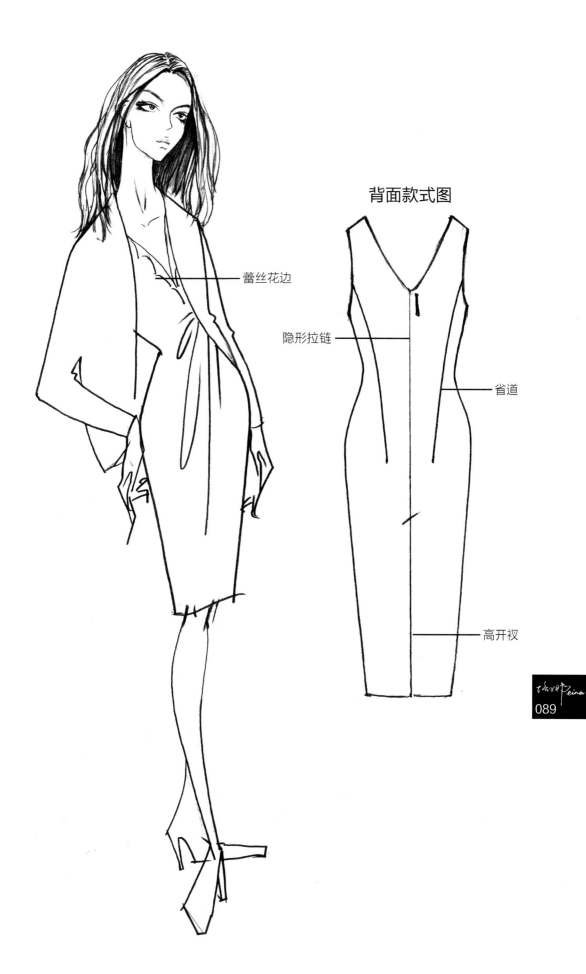

蕾丝花边

背面款式图

隐形拉链

省道

高开衩

089

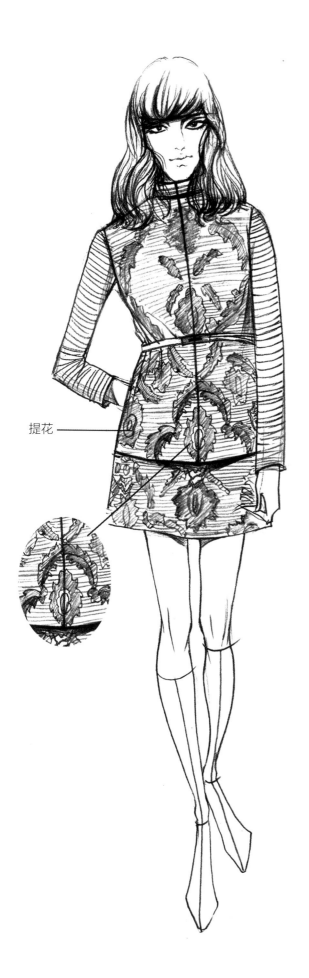

提花

背面款式图

分割线

注意：在绘画服装设计速写时，人体转折处的衣褶排列要紧密一些。人体放松时，褶线形成垂挂、自然形。人体腿部弯曲时，会形成以膝盖为中心的放射性线条。

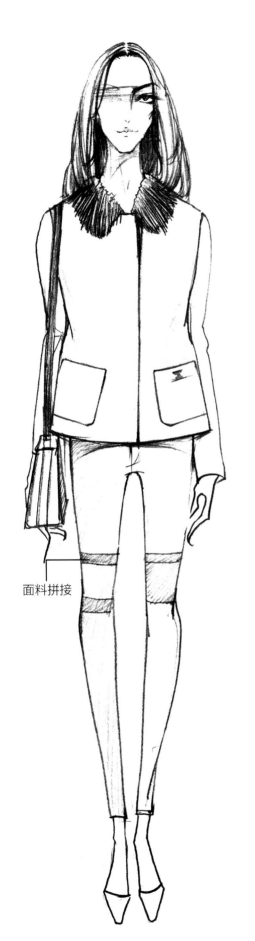

面料拼接

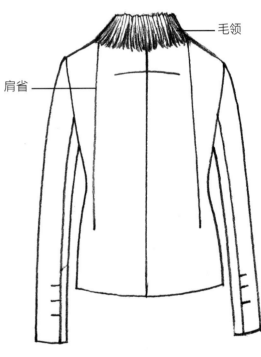

毛领

肩省

背面款式图

拉链

省道

立体结构

蕾丝绣花

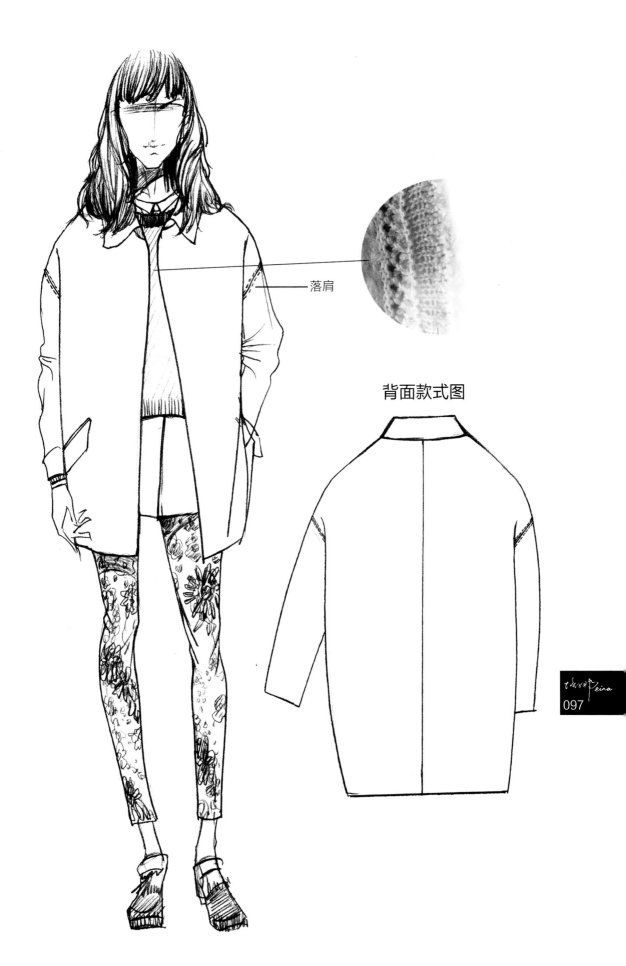

落肩

背面款式图

这是一幅表现服装廓型和款式的时装速写，作者流畅而快速的速写风格能够让人很快理解设计者的创意，并对服装有一个深刻的印象。

背面款式图

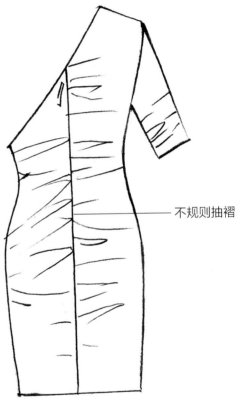

不规则抽褶

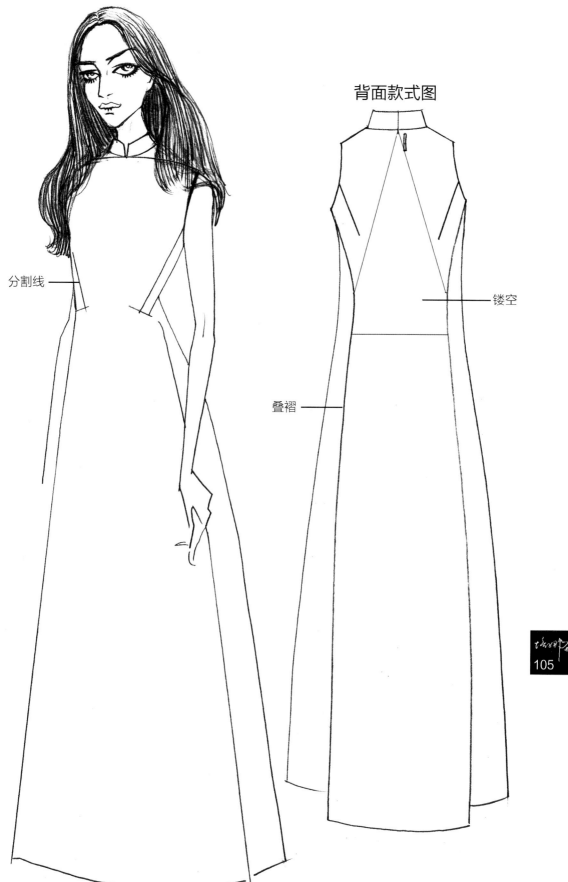

背面款式图

分割线

镂空

叠褶

105

背面款式图

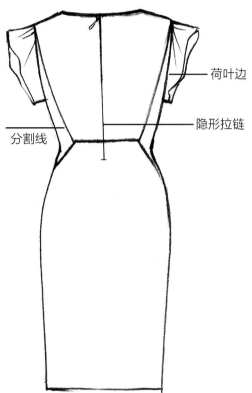

荷叶边

隐形拉链

分割线

　　在了解和掌握了有关于人体的一系列基本造型方
法之后，我们就可以将服装与人体结合起来进行绘画
练习，而比较好的方法就是进行速写练习。

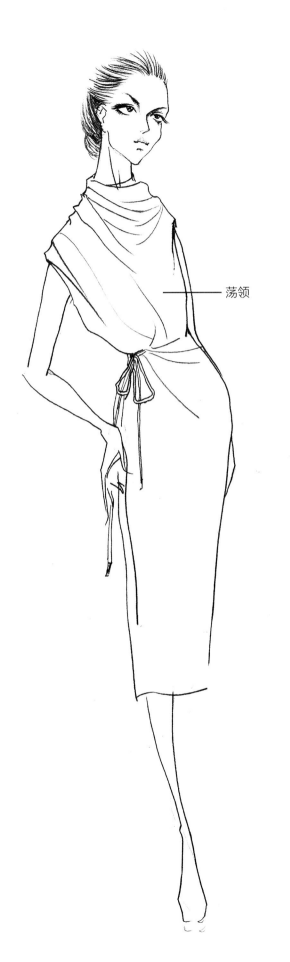

荡领

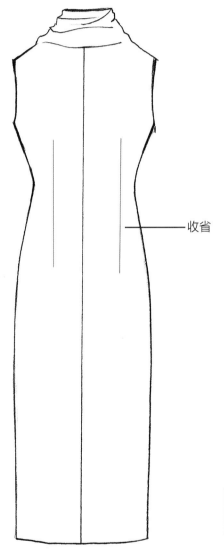

收省

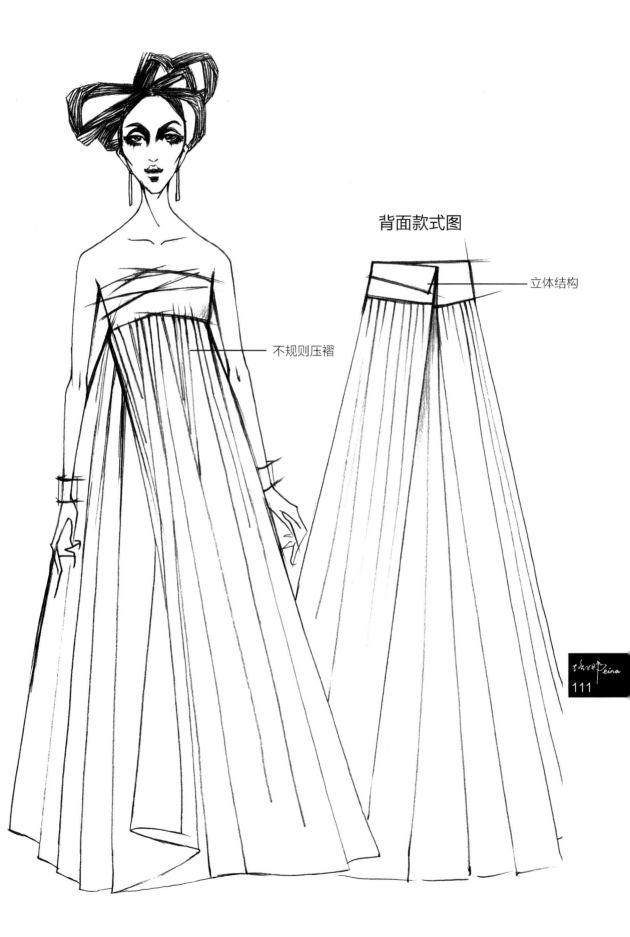

背面款式图

立体结构

不规则压褶

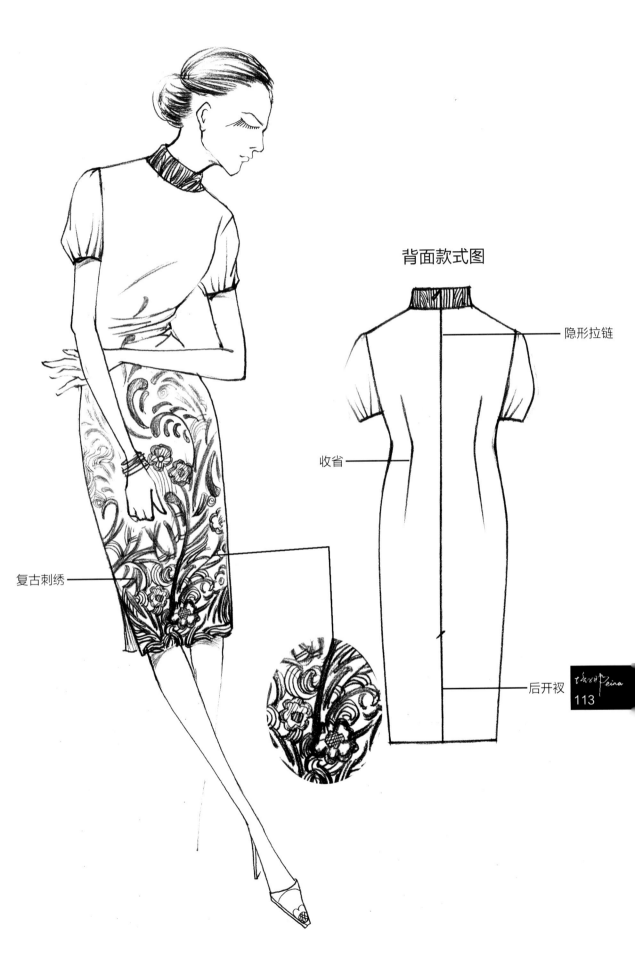

背面款式图

隐形拉链

收省

复古刺绣

后开衩

背面款式图

包牙边

不对称双层立领

收省

115

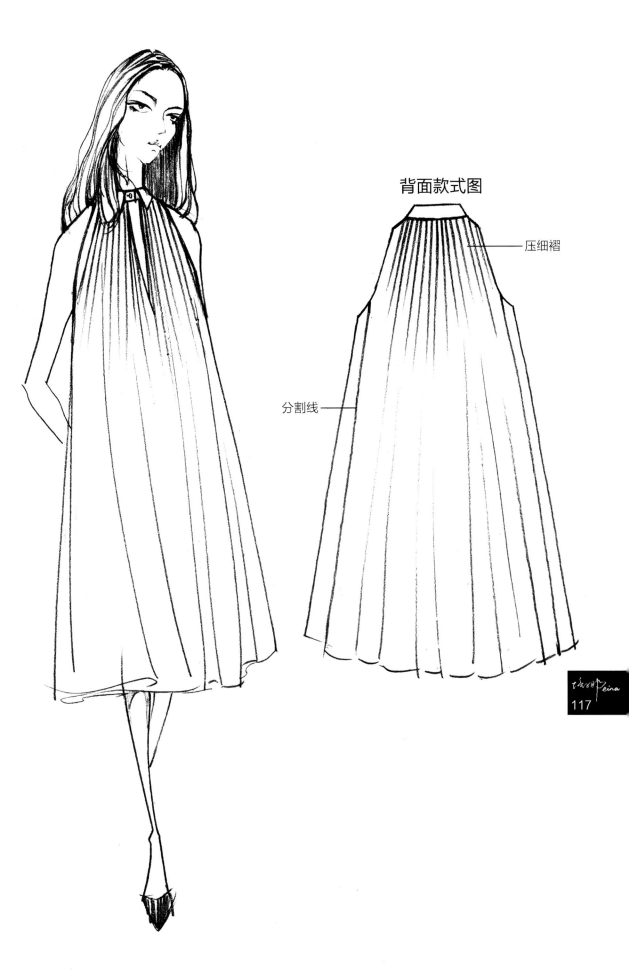

背面款式图

压细褶

分割线

117

长毛领

背面款式图

拼接

背面款式图

背面款式图

袖中分割线后移

针织面料

背面款式图

色块拼接

分割

皮草

129

第四章 男装绘画

男装速写

男装服装效果图 款式图

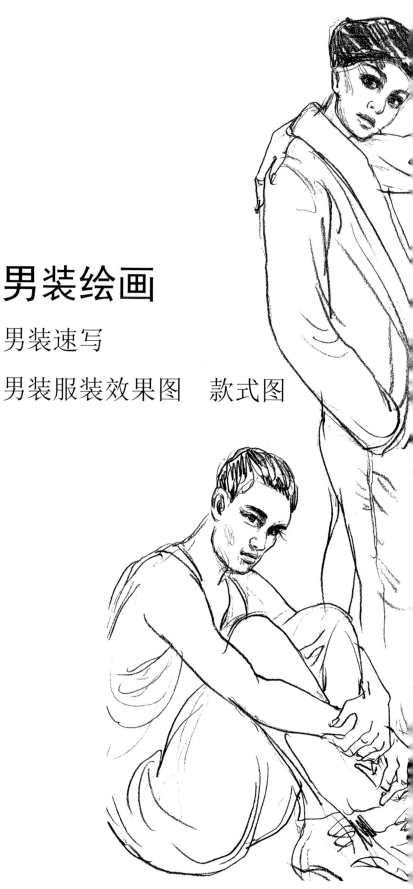

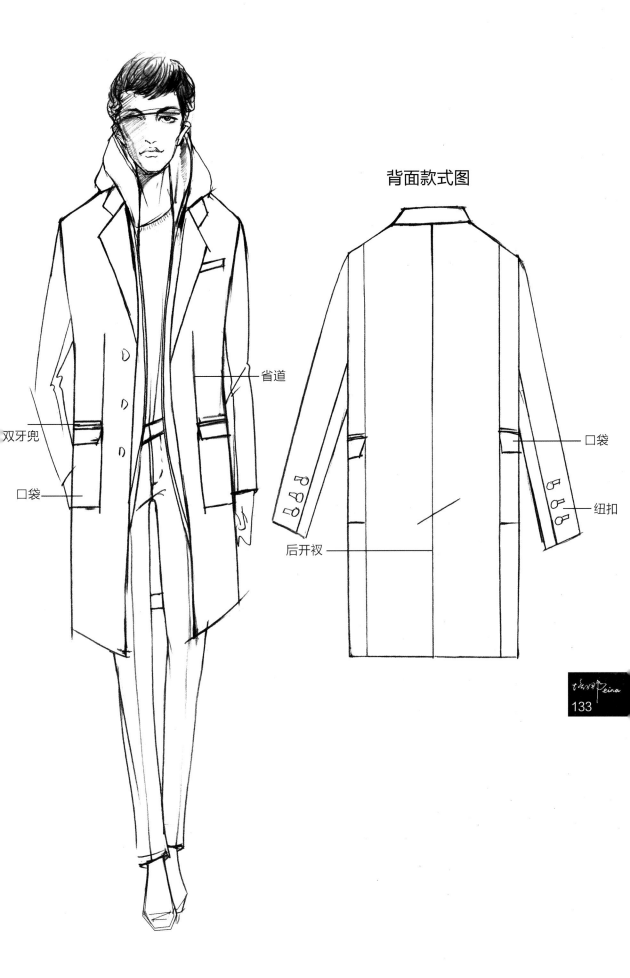

背面款式图

省道

双牙兜

口袋

口袋

纽扣

后开衩

粗斜纹面料

背面款式图

刀背分割线

后开衩

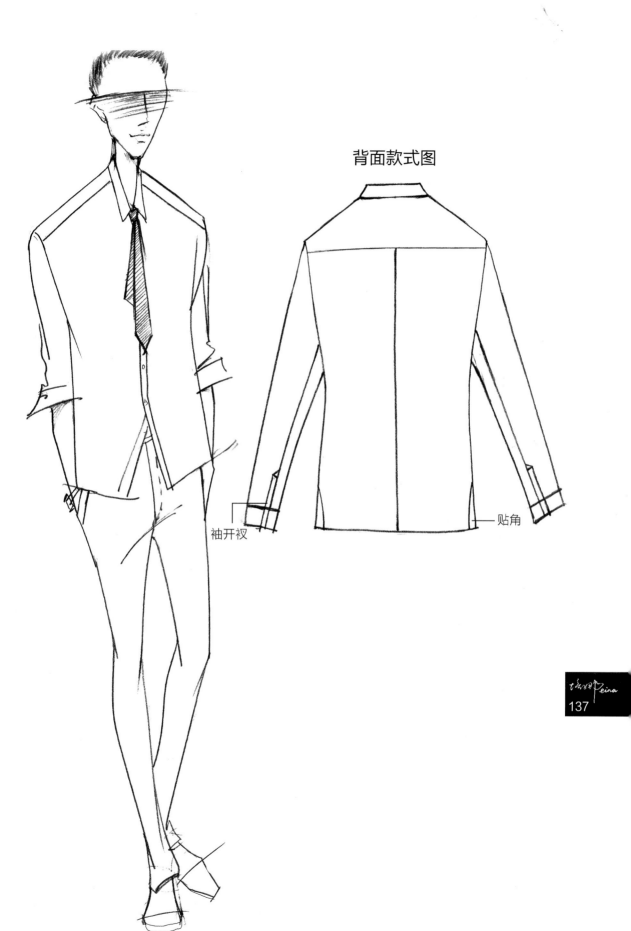

背面款式图

袖开衩

贴角

条纹针织

背面款式图

背面款式图

拉链

落肩

口袋

外翻缝包边

背面款式图

口袋

143

手缝粗明线

背面款式图

缝粗明线

5cm 宽边

145

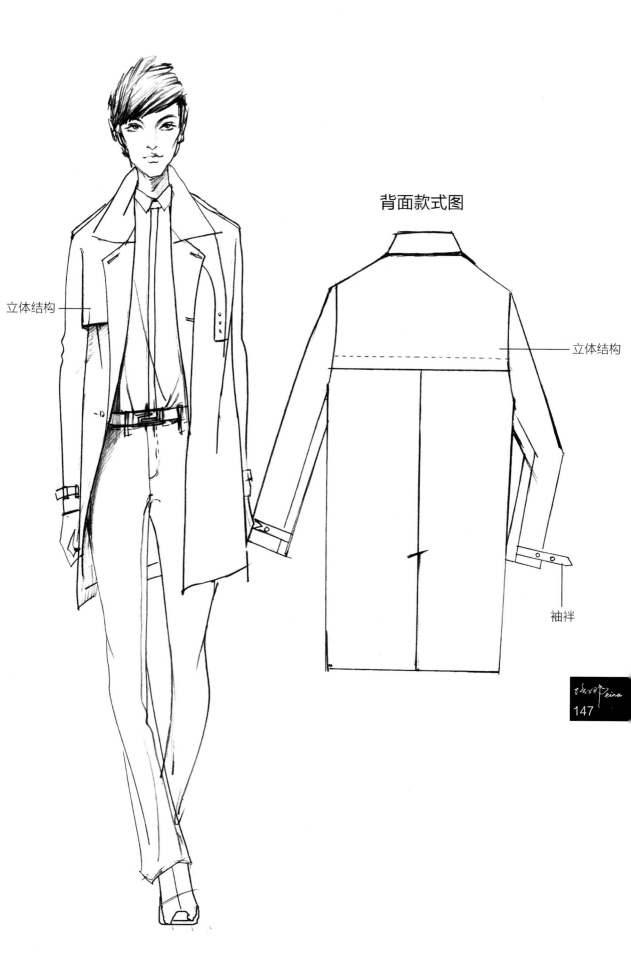

背面款式图

立体结构

立体结构

袖袢

147

背面款式图

色块拼接

不规则条纹

开衩

第五章　童装绘画

153

小孩的鼻子一般是上翘的，鼻梁比较扁平，上嘴唇向外突出比较明显。嘴角凹陷部分比较深，下巴不大突出，而且比较靠后，脸颊是圆平平的。

与身体其他部分相比，头部比较小，后脑勺比较突出，脖子比较短。通常与其他身体特征相比耳朵比较大，如果非常小的孩子双眼的间距会比较宽。但是睫毛很长眉毛比较细。小孩的鼻子一般是上翘的，鼻梁比较扁平，上嘴唇向外突出比较明显。嘴角凹陷部分比较深，下巴不太突出，而且比较靠后，脸颊是圆平平的。

背面款式图

后开衩

背面款式图

拉链

色块拼接

160

背面款式图

拉链

分割线

对褶

参考文献
REFERENCES

［1］肖文陵著. 服装人体素描. 第2版. 北京：高等教育出版社，2006.

［2］齐永新著. 齐永新人物速写. 济南：山东美术出版社，2009.

［3］[法]多米尼克·萨瓦尔著. 法国新锐时装绘画——从速写到创作. 治棋译. 北京：中国纺织出版社，2010.

［4］邹游著. 时装画技法. 第2版. 北京：中国纺织出版社，2012.

［5］胡晓东著. 完全绘本　服装速写技法. 武汉：湖北美术出版社，2011.

［6］《VOGUE 服饰与美容》杂志.

［7］《ELLE 世界时装之苑》杂志.

致谢
ACKNOWLEDGEMENTS

感谢化学工业出版社提供本书出版的机会。

感谢先后到工作室讲学指导交流的教授、专家和中国著名服装设计师们。

163

专家讲座
EXPERT LECTURES

中国十佳服装设计师、北京服装学院副教授——邹游老师

国内顶级男装品牌——柒牌总监 朱文

金顶奖获得者——武学伟

中国"服装品牌魔术师"——端木文

金顶奖获得者——武学凯

清华大学美术学院染织服装系主任——肖文陵教授

中国著名男装设计师——曾凤飞

圣展设计总监徐松涛·日系男装资深专家——袁亮

中国十佳设计师 原歌力思总监、EP雅莹合作者——顾怡老师

中国十佳时装设计师、广东服装设计师协会副会长——邓兆萍

著名服装结构专家、北京服装学院教授——刘娟

中国顶级婚礼服设计师——蔡美月

中国著名服装设计师——崔游

台湾"针织女王"——潘怡良

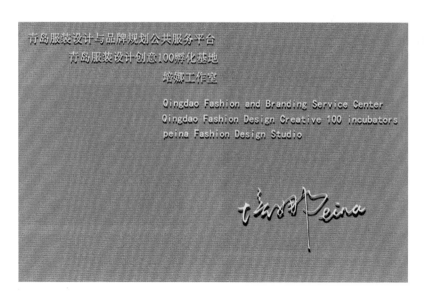

培娜工作室简介

培娜工作室是由中国十佳设计师、青岛大学副教授王培娜建立的专业服装设计工作室，位于山东省首家创意产业园——青岛创意100产业园。以一线设计师、打板师和工艺师为团队，聘请国内外著名设计师和专家组成雄厚的设计和师资力量。设计、制板、样衣和培训一体化，是高级服装专业人才的培训基地。

同时为品牌服装企业和ODM外贸企业提供产品策划、设计、制板、样衣及小批量生产服务。